Udo Paulitz

LANZ-Bulldog

Text & Bild:
Udo Paulitz, Duisburg

Gestaltung: HOX designgroup, Kay Bach
Gesamtherstellung: KOMET Verlag GmbH, Köln
ISBN 978-3-86941-278-8
www.komet-verlag.de

Inhalt

Vorwort

▲▶ *Ein aufwendig restaurierter Lanz-Eilbulldog D 9538 mit durchgehenden Kotflügeln und Seilwinde aus dem Jahr 1936.*

▲ *Der für die Feldarbeit bestimmte Knicklenker-Bulldog Typ HP war in technischer Hinsicht seiner Zeit weit voraus.*

Im Jahr 1957 liefen die letzten Lanz-Schlepper mit der Verkaufsbezeichnung „Bulldog" in Mannheim vom Band, nachdem der amerikanische Hersteller Deere & Company zum 1. Oktober 1956 die Aktienmehrheit der Heinrich Lanz AG übernommen hatte. Danach war die Bezeichnung „Bulldog" betriebsintern ein absolutes Tabu – heute steht dieser Name wieder für eine große Vergangenheit. Spricht man von einem Lanz-Bulldog, ist zumindest jedem Landwirt, aber auch vielen anderen Menschen klar, dass damit die berühmten Glühkopfschlepper aus Mannheim gemeint sind. Schon zu Lebzeiten zu einer Legende geworden, besitzen diese unverkennbaren Fahrzeuge selbst heute noch einen derart hohen Bekanntheitsgrad und geradezu unübertroffen guten Ruf, dass man vor allem in weiten Teilen Süddeutschlands von einem Bulldog spricht, wenn ein Schlepper gemeint ist. Viele begeisterte Freunde, Verehrer und Fahrzeugsammler aus ganz Deutschland und Europa werden auch in Zukunft dafür sorgen, dass der Lanz-Bulldog nicht in Vergessenheit geraten kann. Auf Veteranentreffen sind es vor allem die Bulldogs, deren laut polternder Auftritt die Zuschauer in ihren Bann zieht. Der Siegeslauf des Bulldogs begann im Jahr 1921 – hier ist seine Geschichte.

Der Lanz-Bulldog und die Landwirtschaft

▲ Über Jahrhunderte waren Pferd und Ochse für die Feldarbeit unentbehrlich.

◄ Eine etwa 1880 gebaute Lanz-Dreschgarnitur, die aus einem Lokomobil und einer Dreschmaschine besteht. Die Maschine besitzt bereits eine Verkleidung über den rotierenden Bauteilen.

Über Jahrtausende hinweg blieben die Bauern bei Feldbestellung und Ernte auf ihre eigene und die Kraft ihrer Zugtiere angewiesen. Anfangs wurden die Feldfrüchte von Hand angepflanzt, gepflegt und geerntet. Dann kamen die ersten hölzernen und später eisernen Werkzeuge. Solange Geräte und Maschinen relativ leicht waren, reichte die Kraft von Pferd oder Ochse aus. Aber schon bald mussten Anstrengungen unternommen werden, um vor allem bei der schweren Bodenbearbeitung dem spürbar werdenden Zugkraftmangel entgegen-

▲ *Die Mannheimer Werksanlagen etwa um 1910 mit dem links in der Mitte befindlichen 43 Meter hohen Lanz-Turm, dem bis heute erhaltenen Wahrzeichen des Werkes.*

zuwirken. Es liegt in der Natur des Menschen, nicht auf dem einmal Erreichten zu verharren, sondern das Bestehende immer wieder zu verbessern. Es lag aber ein noch viel zwingenderer Grund vor, weshalb Ertragssteigerungen in der Landwirtschaft unumgänglich waren: Es war die immer schneller wachsende Bevölkerung, die ernährt werden musste.

Erst mit der Erfindung der Dampfkraft und später des Verbrennungsmotors waren die technischen Voraussetzungen gegeben, um die tierische Zugkraft auf dem Acker dauerhaft durch mechanische Antriebe zu ersetzen. Das gesamte 19. Jahrhundert war ein Zeitalter neuer Erfindungen in allen technischen Bereichen. Diese Fortschritte sollten auch die Landwirtschaft nachhaltig verändern. So wurden bereits um 1811 in England die ersten beweglichen Dampflokomobile eingesetzt, die zum Antrieb von Dreschmaschinen, Getreidemühlen, Strohpressen und anderen landwirtschaftlichen Arbeitsgeräten verwendet werden konnten. Die anfangs noch von Pferden von Hof zu Hof gezogenen Lokomobile erledigten den Getreidedrusch in wenigen Tagen, wofür der Bauer früher den ganzen Winter benötigt hatte. Nachdem es 1814 erstmals gelungen war, eine selbstfahrende Dampfmaschine zu entwickeln, war der weitere Fortschritt nicht mehr aufzuhalten. Die Dampfkraft war es auch, die bis zum Beginn des 20. Jahrhunderts die für die Landwirtschaft entscheidende Antriebsquelle blieb.

Bis weit in die zweite Hälfte des 19. Jahrhunderts nahm das stärker industrialisierte England die unangefochtene Vorreiterrolle in nahezu allen technischen Bereichen ein. Bis die zum Maschinenbau notwendigen eigenen Fertigungsmöglichkeiten in Deutschland zur Verfügung standen, war man auf Einfuhren angewiesen. Dass die deutschen Maschinen schon bald eine Spitzenposition einnehmen und zu den zuverlässigsten und besten der Welt zählen sollten, war neben einigen anderen Pionieren vor allem auch Heinrich Lanz aus Mannheim zu verdanken. Der 1859 gegründete Betrieb entstand aus kleinen Anfängen. Anfangs fungierte Lanz als Importeur englischer Dampfmaschinen. Bereits 1879 war man so weit, um die erste eigene, aus Lokomobil und Dreschmaschine bestehende Dampfdreschgarnitur herzustellen. Das Geschäft florierte ausgezeichnet, sodass bereits 1885 die 1000. Maschine ausgeliefert werden konnte. 15 Jahre später hatte man bereits die magische Zahl von 10.000 Lokomobilen überschritten. Insgesamt baute Lanz weit über 25.000 Dampfmaschinen, die in alle Welt gingen.

So sehr die dampfbetriebenen Lokomobile als zuverlässige stationäre Antriebsquelle den Bauern insbesondere bei der Drescharbeit auch entlasteten, fehlte immer noch eine Maschine, welche die schwere Feldarbeit – und hierbei besonders das Pflügen – übernehmen konnte. Diese Arbeit verlangte Mensch und Tier stets größte Mühen und Anstrengungen ab. Das Arbeitsverfahren, bei dem Pferd oder Ochse vor den Pflug gespannt wurden, hatte sich seit Jahrhunderten im Grunde kaum verändert. Da sich das selbstfahrende Lokomobil – weil viel zu schwer – für diese Tätigkeit in keiner Weise eignete, musste nach einer anderen Lösung gesucht werden. Nach vielen Versuchen konnte der Engländer John Fowler erstmals im Jahr

1856 ein Pflugsystem realisieren. Bei diesem zogen zwei am gegenüberliegenden Feldrand angeordnete Dampfmaschinen einen Kipppflug mit Hilfe eines Stahlseiles abwechselnd über das Feld. Dieses von vielen, auch deutschen Herstellern gebaute, bewährte und technisch immer weiter optimierte Pflugsystem konnte sich noch bis weit nach dem Ersten Weltkrieg halten. Einen entscheidenden Nachteil hatte allerdings dieses System: Eine komplette Pfluggarnitur kostete damals den Gegenwert eines mittelgroßen Bauernhofes. Welcher Bauer konnte sich eine solch teure Investition schon leisten? Insgesamt gesehen war die Verwendung von Dampfmaschinen für die Feldarbeit sehr aufwendig und teuer, sodass sie praktisch nur für Lohnunternehmer und Großbetriebe infrage kamen. Außerdem verlangte die Dampfpflugtechnik, um wirtschaftlich arbeiten zu können, möglichst große ebene und zusammenhängende Flächen. Zugtiere wurden daher keineswegs überflüssig, sondern weiterhin überall dort benötigt, wo der Einsatz der Dampfmaschine nicht lohnte oder topografisch unmöglich war. Kleineren Höfen blieb die durch die Dampfkraft erreichte technische Errungenschaft allein schon aus Kostengründen verwehrt. Die Suche nach einer preiswerteren Kraftmaschine für die Landwirtschaft ging also weiter.

Neue Möglichkeiten eröffneten sich erst, als es Nikolaus August Otto im Jahr 1875 gelang, den ersten nach dem Viertaktverfahren arbeitenden funktionsfähigen Verbrennungsmotor zu entwickeln. Nahezu zeitgleich baute Gottlieb Daimler seinen Benzinmotor. Die Engländer Herbert Akroyd Stuart und Richard Hornsby entwarfen 1890 ihren ersten Zweitakt-Glühkopfmotor, der mit billigen Schwerölen betrieben werden konnte. Zum Abschluss darf Rudolf Diesel nicht vergessen werden, der 1897 den nach ihm benannten, heute in allen Traktoren verwendeten Dieselmotor zur Serienreife brachte. Mit diesen Erfindungen waren nun alle Voraussetzungen gegeben, um in den folgenden Jahrzehnten nicht nur die Landwirtschaft von Grund auf zu verändern. Die ersten von Verbrennungsmotoren angetriebenen Bodenbearbeitungsgeräte waren wiederum gewaltige und unhandliche Maschinen. Aufgrund des Erdölreichtums gingen die hauptsächlichen Impulse anfangs von Amerika aus. Es dauerte bis zum Beginn des 20. Jahrhunderts, bis auch europäische Hersteller mit den ersten Konstruktionen aufwarten konnten. Dies waren durchweg kleinere, unterschiedlich ausgeführte landwirtschaftliche Zugmaschinen. Eine besonders in Deutschland zeitweise sehr verbreitete Motorisierungsvariante stellte der Motortragpflug dar, der sich aber letztendlich als Fehlentwicklung erwies und in eine Sackgasse führte. In der Zeit bis zum Ersten Weltkrieg hatte sich in Amerika eine namhafte Benzinschlepperindustrie von beachtlichem Umfang gebildet. Ab etwa 1910 begann sich das Bild der vormals schwergewichtigen und teuren Fahrzeuge langsam zu wandeln. Die Konstruktionen wurden immer kleiner und handlicher. Sie kamen damit einer universellen Verwendbarkeit für alle landwirtschaftlichen Arbeiten immer näher.

Dann erschien 1917 – mitten im Ersten Weltkrieg – ein Ackerschlepper namens Fordson, der ein neues Zeitalter in der Landwirtschaftsmotorisierung einleiten sollte. Es war ein Produkt des genialen Konstrukteurs und amerikanischen Automobilkönigs Henry Ford. Das große Erfolgsgeheimnis des Fordson waren seine einfache und übersichtliche Konstruktion, das geringe Gewicht und die erstmals angewandte rahmenlose, selbsttragende Blockbauweise. Einfache Bedienung, Wendigkeit und sein durch Fließbandfertigung sensationell günstiger Preis waren die weiteren positiven Eigenschaften, die es dem neuen Schlepper leicht machten, praktisch alle bis dato gebauten Fahrzeuge und Maschinen ins Abseits zu drängen. Sein Erscheinungsjahr kann daher mit einer gewissen Berechtigung als die Geburtsstunde des modernen Ackerschleppers angesehen werden. Gleichzeitig halfen mehr als 7.000 nach England gelieferte Fordson-Traktoren, die durch die deutsche U-Boot-Blockade prekäre Ernährungssituation des Inselreiches nachhaltig zu verbessern und somit ihren Teil zum Sieg der Ententestaaten beizutragen.

Bei den Mannheimer Lanz-Werken hatte unterdessen der Konstrukteur Fritz Huber im September 1916 seine Tätigkeit aufgenommen. Dieser im Maschinenbau überaus gut bewanderte und erfahrene Techniker sah in dem einzylindrigen Glühkopfmotor das für die Landwirtschaft bestgeeignetste Antriebssystem. Er widmete seine berufliche Tätigkeit hauptsächlich dem Ziel, diesem Motor zum Durchbruch zu verhelfen. Denn er und die Lanz-Verantwortlichen hatten erkannt, dass ein einfacher, anspruchsloser und preiswerter Motor nötig sei, um die längst überfällige Motorisierung der deutschen Landwirtschaft einzuleiten. Diese war bei der Feldbestellung nach wie vor überwiegend auf Zugtiere angewiesen. Die teuren Dampfpfluggarnituren gab es fast ausschließlich auf den

hauptsächlich östlich der Oder gelegenen großen Gütern und Domänen. Kleinere Höfe, selbst Mittelbetriebe, waren davon ausgenommen. Erschwerend hinzu kamen die Folgen des verlorenen Krieges, unter denen das ganze Land schwer zu leiden hatte. So waren Zugtiere, besonders aber Pferde, durch die immensen Kriegsverluste knapp geworden. Die Bauern benötigten daher dringend eine kleine, erschwingliche Maschine, die ihnen die Arbeit erleichtern konnte.

Huber und seine Mitarbeiter gingen mit Nachdruck daran, den Glühkopfmotor für die Landwirtschaft umzubauen. Zunächst bestand das Hauptproblem darin, den Mangel dieses Motors, im Leerlauf kalt zu werden und stehen zu bleiben, zu beheben. Erst nach langwierigen Versuchen und konstruktiven Änderungen gelang es, das bisher nur unter Last zu betreibende Aggregat mit Hilfe einer regulierbaren Einspritzdüse auch für den Teillastbereich oder Leerlaufbetrieb anzupassen. Kriegsbedingte Verzögerungen brachten es mit sich, dass es noch bis zum Januar 1921 dauern sollte, bevor die ersten drei Prototypen in die Erprobung gehen konnten.

Des Bulldogs erste Schritte

▶ Der Knicklenker-Bulldog Typ HP – hier ein restauriertes Fahrzeug aus dem Jahr 1923 – besaß mit seinen großen Vorderrädern ein sehr eigenwilliges Aussehen. Die Tatsache, dass der vordere und hintere Teil des Schleppers durch ein bewegliches Scharniergelenk verbunden waren, gab diesem Bulldog seinen Namen.

Auf dem Lanz-Ausstellungsstand der im Juni 1921 in Leipzig erstmals nach dem Krieg stattfindenden DLG-Landwirtschaftsmesse erblickte der 12-PS-Bulldog HL erstmals das Licht der Öffentlichkeit. Es war der erste Rohölschlepper der Welt. Äußerlich wirkte die kleine, selbstfahrende Maschine – inmitten der vielen riesigen Dampflokomobile – eher unscheinbar und bescheiden. Trotzdem war das gleichmäßig im Leerlauf vor sich hin tuckernde Maschinchen stets von Schaulustigen umlagert. Es war aber auch die eigenwillige Bauart des langsam laufenden, auf Rädern gesetzten, liegend angeordneten Einzylinder-Zweitakt-Glühkopfmotors, die für Aufsehen sorgte. Wer als Erster dieses Fahrzeug mit dem Aussehen einer Bulldogge in Verbindung brachte, lässt sich heute nicht mehr zweifelsfrei klären. In jedem Fall aber war mit der Bezeichnung „Bulldog" ein äußerst treffender, einprägsamer Name für alle zukünftigen Produkte des Hauses Lanz gefunden worden. Der großvolumi-

Glühend verehrt

Ansicht des 12er-Lanz-Bulldogs von vorn

mit Blick auf den Glühkopf.

ge Glühkopfmotor des Lanz HL (Heinrich Lanz) erzeugte seine Höchstleistung von 12 PS bei nur 420 Umdrehungen in der Minute und glich in dieser Beziehung eher einer Dampfmaschine als einem Verbrennungsmotor. Der Start des Motors musste mit Hilfe einer Löt- oder Heizlampe vorbereitet werden. Mit dieser wurde der Glühkopf erwärmt und schließlich zum Glühen gebracht. Dann kam das Anwerfen des Motors per Hand, indem eines der beiden seitlichen Schwungräder in eine Art Pendel-

bewegung versetzt wurde. Dieser Vorgang – es war das sogenannte Auspendeln des Motors, bis dieser aus eigener Kraft über den oberen Totpunkt sprang und weiterlief – erforderte einiges Geschick und Fingerspitzengefühl. Es war stets eine eher umständliche und manchmal recht zeitraubende Prozedur, bis man den Bulldog ans Laufen gebracht hatte und er seine ersten Arbeitsgeräusche von sich gab. Das Rückwärtsfahren – die ersten Bulldogs besaßen noch kein Getriebe – wurde durch Umsteuern des Motors im Totpunkt und geschicktes Gasgeben erreicht.

Das kleine, später in Fach- und Sammlerkreisen als „12er-Lanz" bezeichnete Fahrzeug wurde mehr als populär. Es war eine überaus einfache und nahezu unverwüstliche Konstruktion, womit dieses Konzept dem kaum vorhandenen technischen Wissensstand der damaligen ländlichen Bevölkerung sehr entgegenkam. Seine Zuverlässigkeit war sprichwörtlich und verhalf ihm daher zu einem überwältigenden Erfolg. Bis zum Ende seiner Bauzeit im Jahr 1927 wurden mehr als 6.000 Einheiten in allen Ausführungen verkauft. Der neue Bulldog kostete nur einen Bruchteil der großen und aufwendigen Dampflokomobile und war zudem mit nahezu allen billigen und leicht beschaffbaren Kraftstoffarten und brennbaren Flüs-

◀ Hervorragend restaurierter, hartgummibereifter Verkehrsbulldog für den Einsatz auf der Straße, Baujahr 1923. Dieses etwa zwei Tonnen schwere Fahrzeug konnte maximal 7.000 kg mit einer Höchstgeschwindigkeit von 6 km/h bewegen.

Der Ur-Bulldog

Mit ihm begann eine Erfolgsstory ohnegleichen – Lanz-Bulldog Typ HL mit Eisenrädern, genannt Eisenbulldog, aus dem Jahr 1923.

sigkeiten wie Roh-, Gas- und Erdöl, aber auch Altölen, Petroleum, Paraffinöl, Spiritus, Tran und anderen Fetten, Ölen und deren Abfallprodukten zu betreiben. Das war gerade für Deutschland, das über keine ergiebigen Erdölvorkommen verfügte und Benzin und andere auf Erdöl basierende Treibstoffe fast vollständig einführen und teuer bezahlen musste, sehr bedeutsam.

Neben der selbstfahrenden Bulldog-Ausführung mit Eisenrädern gab es auch den von Zugtieren fortzubewegenden sogenannten Gespannbulldog mit Deichsel ohne eigenen Antrieb. Darüber hinaus war auch eine hartgummibereifte Bauvariante erhältlich, die als Verkehrsbulldog, also als leichte Straßenzugmaschine, zum Einsatz kam. Hauptsächlich war der Bulldog HL als Zug- und Antriebsmaschine für die Dreschmaschine gedacht, mit der er von einem Bauernhof und Einsatzort zum anderen fahren konnte. Der Verkehrsbulldog hingegen kam in vielen Bereichen des Nahverkehrs zum Einsatz und wurde von Transportunternehmen und Gewerbetreibenden als Zugmittel verwendet. Versuche, ihn auch auf dem Acker einzusetzen, führten zu keinen überzeugenden Erfolgen.

Aus diesem Grund wurde im Jahr 1923 ein für die Feldarbeit verwendbarer Bulldog, der Lanz-Ackerbulldog Typ HP, auf den Markt gebracht. Heraus kam eine sehr eigenwillig geformte, etwas kopflastig wirkende Maschine, die in technischer Hinsicht viele Leckerbissen zu bieten hatte. Dieser mit Knicklenkung und Vierradantrieb ausgeführte kleine Allradschlepper war seiner Zeit weit voraus und eignete sich als Ackerschlepper hervorragend. Für Transportarbeiten war dieser aber kaum tauglich, sodass sich – ähnlich wie beim HL – wiederum keine universellen Einsatzmöglichkeiten ergaben. Neben der ungünstigen Inflationszeit trug auch sein hoher Preis von 7.140 Reichsmark entscheidend mit dazu bei, dass der Knicklenker-Bulldog mit nur 723 gebauten Einheiten in kaufmännischer Hinsicht letztendlich doch kein großer Erfolg wurde.

Ähnlich verhielt es sich mit dem im gleichen Jahr vorgestellten 8-PS-Schwerölmotor-Bulldog mit Namen Mops. Er war sozusagen eine verkleinerte Ausführung des Bulldogs HL und war für diejenigen Käufer vorgesehen, denen die 12-PS-Maschine zu groß war. Diese kleine Maschine war den meisten Interessenten aber doch zu schwach. Daher entschied sich die Mehrzahl der Käufer für den stärkeren 12er-Bulldog. Nur etwa 250 Einheiten des kleinen Mops wurden gebaut – entsprechend selten und teuer ist er heute.

▶ Mit einem der beidseitig vorhandenen Schwungräder wurde der Bulldogmotor per Hand angeworfen.

◀ Blick auf Glühkopf, Beleuchtungseinrichtung und Schwungscheibe des Verkehrs-Bulldogs HL.

Alles im Griff

Blick auf den Fahrstand des 12-PS-Verkehrs-bulldogs. Damals herrschte noch Mechanik pur.

Groß- und Kühlerbulldogs

▲ *Lanz-Werksaufnahme eines 15/30-PS-Ackerbulldogs Typ HR 5.*

▶ *Der für den Straßeneinsatz vorgesehene Großbulldog besaß schwere, doppelelastikbereifte Hinterräder mit Blitzgreifern, Sandstreukästen und ein Fahrerdach aus Segeltuch. Die zwischen den Hinterrädern angebrachten sogenannten Blitzgreifer wurden mit Hilfe eines Spezialwerkzeugs immer dann herausgezogen und quer über die Räder gelegt, wenn ungünstige Untergründe zu überwinden waren.*

▲ Das original erhaltene Fabrikschild darf an dem schönen Fahrzeug nicht fehlen.

Nach Überwindung der Inflationsjahre entschied sich die Lanz-Geschäftsleitung, alle Anstrengungen auf die Entwicklung eines hubraumstarken Glühkopfmotors zu konzentrieren. Dieser sollte in einen Bulldog für größere Bauernhöfe eingebaut werden. Im Jahr 1924 begann man mit dessen Bau. Nach eingehenden Erprobungen konnte zwei Jahre später der Serienbau anlaufen. Die Fertigung erfolgte besonders wirtschaftlich und kostengünstig nach dem aus den USA übernommenen, erstmals in Deutschland und Europa angewandten Fließbandverfahren. Ein überaus günstiger Preis, der zwischen 5.800 Reichsmark beim Ackerbulldog und 7.000 Reichsmark beim Verkehrsbulldog lag, war die Folge.

In das Fahrzeug selbst hatte man alle bisherigen Erfahrungen einfließen lassen. Der unter der Typenbezeichnung HR 2 eingeordnete Bulldog entstand als robuste Blockkonstruktion mit Hinterradantrieb. Er erhielt ein neu entwickeltes, mit jeweils vier Vor- und Rückwärtsgängen ausgestattetes Getriebe. Vor

Fahrtbeginn musste durch Betätigung zweier Handhebel der gewünschte Gang eingelegt werden, denn das Schalten während der Fahrt war noch nicht möglich. Nach wie vor war vor dem Rückwärtsfahren die Motordrehrichtung im Stand zu ändern, das heißt, der Motor musste umgesteuert werden. Der wiederum als liegender Einzylinder ausgeführte Motor besaß die bewährte Verdampfungskühlung. Den Wasserkasten hatte man entsprechend der höheren Leistung auf 135 Liter Inhalt vergrößert. Das geschah in erster Linie im Hinblick auf das Auslandsgeschäft, denn viele Bulldogs taten Dienst in tropischen, oftmals wasserarmen Ländern, wo die Wasserergänzung zu einem Problem werden konnte. Der Motor hatte mit mehr als zehn Litern ein gewaltiges Hubvolumen, aus denen 22 PS als Dauerleistung und 28 PS als Höchstleistung freigesetzt werden konnten. Der neue Bulldog verkaufte sich mit genau 7.230 bis 1929 hergestellten Einheiten ganz hervorragend.

Da sich der Wasserkasten trotz seines beachtlichen Fassungsvermögens im praktischen Einsatz verschiedentlich als zu gering erwiesen hatte, erschien unter der Bezeichnung HR 5 oder 15/30-PS-Kühlerbulldog im Jahr 1929 ein weiterentwickeltes Bulldog-Modell. Während der Glühkopfmotor des Großbulldogs nahezu unverändert weiterverwendet wurde, hatte man

▼ *Lanz 22/38/44-PS-Ackerbulldog Typ HR 6 mit Muschelkotflügeln, Eisenrädern und aufgeschraubten Laufringen.*

▼ *Restaurierter 15/30-PS-Ackerbulldog von 1929 mit Laufringen an den Hinterrädern.*

im Gegensatz zu jenem die neue Maschine mit einer wesentlich sparsameren Thermosyphonkühlung, bei der das Kühlwasser in einem geschlossenen Kreislauf geführt wurde, ausgerüstet. Dadurch konnte der Inhalt des Wasserbehälters auf 60 Liter reduziert werden. Gleichzeitig wurde diese Konstruktionsänderung dazu benutzt, den Schwachpunkt des im Vormodell nicht vorhandenen Getriebes zu beseitigen. So erhielt der Kühlerbulldog erstmals ein Dreiganggetriebe mit Rückwärtsgang, das auch während der Fahrt betätigt werden konnte. Das umständliche Umsteuern gehörte nun der Vergangenheit an. Anfangs leistete der Glühkopfmotor 30 PS. Ende 1929 erhöhte man die Drehzahl, sodass die Höchstleistung mit 35 PS klassifiziert werden konnte. Ab 1930 gab es den Typ HR 6, dessen Motor nunmehr beachtliche 38 PS als Dauer- und 44 PS als Maximalleistung abzugeben in der Lage war. Groß- und Kühlerbulldog gab es entweder mit Eisenrädern für den Acker, mit Hartgummibereifung und später auch mit Luftbereifung als Straßenschlepper. Es waren ausgesprochen leistungsstarke, sehr fortschrittliche Fahrzeuge für große Höfe und Güter oder für das Transportgewerbe. Die Fertigung des Kühlerbulldogs endete im Jahr 1935 nach einer Gesamtstückzahl von 11.500 Einheiten.

▲ *Ein in gutem unrestaurierten Originalzustand befindlicher 22/28-PS-Großbulldog als Verkehrsbulldog mit gefederter Vorderachse.*

▲ Restaurierter 22/28-PS-Großbulldog Typ HR 2 mit Eisenrädern und auf den Hinterrädern aufgeschraubten Laufringen für den Einsatz auf Straßen und Wegen.

◀ Ein 22/28-PS-Großbulldog mit Eisenrädern beim Tiefpflügen auf schwerem Boden.

▶ Dieser später auf Luftbereifung umgerüstete Großbulldog aus dem Jahr 1927 wurde Ende der 1970er-Jahre im Erzgebirge noch eingesetzt.

▲ *Der 22/28-PS-Großbulldog HR 2 war eine wahrhaft dauerhafte Konstruktion, was dieses im Herbst 1979 noch eingesetzte Exemplar beweist.*

▲ *Eisenbereifter 15/30-PS-Kühlerbulldog in der Ackerausführung mit Dreiganggetriebe, Baujahr 1930.*

Gib Gummi

Großbulldog Typ 22/28 in Verkehrsausführung mit Hartgummi (Elastik-) Bereifung und Muschelkotflügeln.

◄ Blick auf den Kühler, dessen Wasserkasten infolge des geschlossenen Wasserkreislaufs auf 60 Liter reduziert werden konnte.

◄ Kraftstoffbehälter des Kühlerbulldogs 15/30 PS für 60 L Inhalt.

► Stolz präsentiert sich der Besitzer dieses Bulldogs, Johann Esselmann, der Kamera.

Ausgewalzt

15/30-PS-Kühlerbulldog als Moorbulldog mit breiten Spezialwalzen-rädern, um den Bodendruck zu verringern.

▲ Lanz 15/30-PS-Verkehrsbulldog, ausgerüstet mit elektrischer Lichtanlage und Scheinwerfer mittig vor dem Steigrohr.

▶ Der Schriftzug „Bulldog" sowie das Lanz-Fabrikschild an einer HR-5-Verkehrsmaschine.

▲ Lanz 22/38/44-PS-Ackerbulldog
Typ HR 6 mit Muschelkotflügeln und
Eisenrädern.

▶ Glühkopf, Steigrohr und Vorderachse des
eisenbereiften Lanz-Ackerbulldogs 22/38/44 PS.
Rechts oberhalb der Achse ist eine Führungsrolle
für den Riemenscheibenbetrieb angebracht.

▲ Damit nichts vergessen wird, sind die Bedienungshinweise auf einem Schild am Kraftstoffbehälter zusammengefasst.

▲ Hinterradnabe eines Eisenrades mit Stahlspeichen.

◀ Verkehrs- oder Schwerzugbulldog 22/38 PS Typ HR 6 als Speditionsmaschine mit elektrischer Beleuchtung, Anlasszündung und gefederter Vorderachse. Die Höchstgeschwindigkeit dieses mit den sogenannten Riesenluftreifen ausgerüsteten Bulldogs betrug 20 km/h.

▼ Für die Transportgewerbe gab es zum Ende der 1920er-Jahre den Bulldog für Eiltransporte. Hierbei handelte es sich um eine Weiterentwicklung des 22/38-PS-Ackerbulldogs. Diese als Verkehrs- oder Schwerzugbulldogs bezeichneten Maschinen zeichneten sich durch die mit Trittbrettern verbundenen Kotflügel aus.

Ein Hingucker

Ansicht des Ackerbulldogs 22/38/44 PS von der linken Seite.

Eisen- und Ackerluftbulldogs

Der Schlepper von Weltruf!

Handbremse · Lichtschalter · Luftfilter · Schmieröl-Behälter · Schmieröl-Feinfilter · Brennstoff-Behälter · Schalldämpfer · Hauptschalthebel · Benzin-Behälter · Stufen-Schalthebel · Batterie · Kühlwasser-raum · Kupplungspedal · Kühlerelemente · Werkzeugkasten · Brennstoffdüse · Zündkerze · Gefederte Straßen-Anhängevorrichtung · Zylinderkopf Sicherheits-Schraube · Zündkopf · Acker-Anhängevorrichtung · Schmieröl-Vorfilter · Motorkolben · Vorderachse · Getriebe · Kurbelwelle

▲ *Lanz Ackerluft-Bulldog D 9506 im Schnittbild.*

Die Kühlerbulldog-Typen HR 5 und HR 6 wurden im Laufe des Jahres 1934 durch die neuen, technisch überarbeiteten Modelle HR 7 und HR 8 abgelöst. Während der HR 7-Bulldog für eine normale Dauerleistung von 30 PS ausgelegt war, betrug diese beim stärkeren HR 8 38 PS. Ein wichtiger Unterschied zu den vorherigen Typen bestand darin, dass die früher übliche, etwas verwirrende doppelte PS-Angabe für Zughaken- und Riemenscheibenleistung jetzt nicht mehr verwendet wurde. Von nun an erschien auf den Typenschildern nur noch die höhere PS-Zahl, also die Riemenscheiben- oder normale Dauerleistung. Auch wurden die Modellbezeichnungen nun durch sogenannte D-Nummern verkörpert, während die HR-Angaben nur noch internen Zwecken dienten. Die beiden wichtigsten 30-PS-Maschinen waren die Typen:

• D 8500 Ackerbulldog mit Dreiganggetriebe und Eisenbereifung
• D 8506 Ackerbulldog mit Sechsganggetriebe und Luftbereifung.

Ganz ähnlich lauteten die Bezeichnungen für die 38 PS starken Bulldogs, die jetzt D 9500 und D 9506 hießen.

Obwohl an diesen Modellen einige technische Detailverbesserungen zum Tragen kamen, gab es für die im Alltagsbetrieb sehr bewährten Glühkopfmotoren keinen Grund für durchgreifende Änderungen. Insgesamt standen Vereinfa-

chungen im Vordergrund, um den für den Bau der Fahrzeuge notwendigen Kosten- und Herstellungsaufwand weiter zu minimieren, kurz gesagt die Bulldogs also wettbewerbsfähiger machen zu können. So wurden die bisher recht aufwendig zu fertigenden runden Muschelkotflügel an den Hinterrädern nun durch einfache, gerade Stehbleche ersetzt.

Im Jahr 1936 stellte man die Bulldog-Bezeichnungen nach deren Höchstleistung über eine Stunde um. Demnach wurde aus dem 30-PS-Modell ein 35-PS-Bulldog und aus dem 38 PS starken Fahrzeug ein Bulldog mit 45 PS Leistung. In technischer Hinsicht erfolgten keine Änderungen. Diese Maßnahme erfolgte aus rein kaufmännischer Sicht, denn in der Werbung konnte sich ein mit einem höheren Leistungswert bezeichnetes Fahrzeug viel besser als ein schwächeres Modell profilieren. Damit hatte sich Lanz lediglich den Gepflogenheiten der Konkurrenz

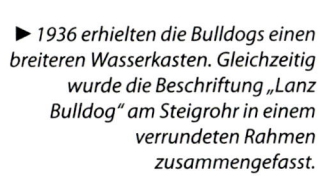

▶ 1936 erhielten die Bulldogs einen breiteren Wasserkasten. Gleichzeitig wurde die Beschriftung „Lanz Bulldog" am Steigrohr in einem verrundeten Rahmen zusammengefasst.

Dampfross

Wasserkasten und Steigrohr eines vor Mitte des Jahres 1936 gefertigten Bulldogs mit getrennter Beschriftung.

VORSICHT BEIM ÖFFNEN
HEISSER DAMPF

BULLDOG

LANZ

angeglichen, die bei ihren Fahrzeugen schon seit jeher die jeweils höchste Motorleistung zur Standard-Leistungsangabe machte.

Die 30- bzw. 35-PS-Bulldogs entsprachen in ihrer Größe dem Leistungsbedarf für mittelgroße, aber auch größere Höfe. Die stärkeren 38- bzw. 45-PS-Bulldogs hingegen waren eher Maschinen für Großbetriebe. Besonders beliebt und in sehr großen Stückzahlen gebaut wurden die beiden Ackerluft-Modelle D 8506 und D 9506, da sie dank ihrer Luftbereifung universell auf dem Feld und auf der Straße eingesetzt werden konnten. Die einfachen und preisgünstigeren Dreigang-Bulldogs mit Eisenrädern ohne elektrische Beleuchtung ließen sich dagegen praktisch nur auf dem Acker verwenden. Da bei ihnen die Gangstufen 4 und 5 gesperrt waren, konnten sie im Gegensatz zu den etwa 17 km/h schnellen Ackerluft-Maschinen nur rund 6 km/h Höchstgeschwindigkeit erreichen. Trotzdem fanden sich in den 1930er-Jahren für diese Modelle viele Käufer. Beide Bauvarianten waren nicht unwesentlich daran beteiligt, dass die Hermann-Lanz-Werke als damals größte Landmaschinenfabrik Deutschlands auch im Traktorengeschäft zeitweise einen Marktanteil von mehr als 50 Prozent erobern konnten.

Nachdem es den Lanz-Technikern gelungen war, die Leistung des Bulldog-Motors durch eine weitere Anhebung der Nenndrehzahl auf 55 PS zu steigern, konnte ein neues, stärkeres Bulldog-Modell auf den Markt gebracht werden. Es waren die mit 55 PS damals leistungsstärksten Lanz-Modelle D 1500 mit Eisenrädern und der Typ D 1506 mit Ackerluftbereifung.

Auch nach Kriegsende verblieben die im Grunde bereits technisch überholten Bulldogs noch über Jahre hinweg im Fertigungsprogramm. Während für die Eisenbulldogs die Zeit schon bald abgelaufen war, erfuhren die klassischen Ackerluft-Maschinen noch eine bescheidene Renaissance. So lief der Bau des D 8506 im Jahr 1954, der des D 9506 erst im darauffolgenden Jahr aus. Eine Ausnahme bildete der 55 PS starke D 1506, der zu den wenigen Glühkopfmaschinen gehörte, nach denen bis zuletzt eine große Nachfrage bestand. Im Oktober 1955 aber wurde auch er als letzter Glühkopfbulldog ersatzlos aus dem Programm genommen.

▶ *Seit Mitte 1936 erfolgte die Beschriftung „Lanz Bulldog" zusammengefasst am Steigrohr.*

▲ Der Glühkopf eines 10-Liter-Bulldogs. Dieser musste vor dem Starten mit einer Heizlampe erwärmt und zum Glühen gebracht werden.

▶ *Auspuff, Steigrohr, Glühkopf und*
Wassereinfüllstutzen eines 1937
gefertigten 10-Liter-Bulldogs.

▶ *Das Ingangsetzen eines Bulldogs ist immer wieder ein spannendes Ereignis. Vor dem Anwerfen muss der Glühkopf mit einer Heizlampe vorgewärmt werden.*

◀ *Während der Anwärmphase schlagen schon nach kurzer Zeit kleine Flammen aus dem heißen Glühkopf.*

▲ Der eisenbereifte Ackerbulldog mit Dreiganggetriebe war die einfachste Bulldog-Ausführung und nur für die Feldarbeit zu verwenden. Hier ein 1937 gebauter, mit elektrischer Beleuchtung ausgerüsteter D 8500 mit Segeltuchdach in unrestauriertem Originalzustand. Das Fahrzeug besitzt noch die abgerundeten Muschelkotflügel.

▲ Abbildung dieses Bulldogs von hinten.
Der Fahrerplatz mit der einfachen, gefederten
Schwingsitzmulde ist mehr als spartanisch.

Rollende Rarität

Ackerbulldog D 8500 mit Eisenrädern : Diese ausschließlich auf dem Acker verwendbaren Fahrzeuge sind äußerst selten geworden, da die meisten Exemplare später auf Luftbereifung umgerüstet worden sind.

▲ Ackerluftbulldog D 8506 von 1938 mit Windschutzscheibe, gefederter Vorderachse, elektrischer Beleuchtung und Ballastnabengewichten an den Hinterrädern.

▲ Dieser 1936 gebaute Bulldog D 8506 besitzt Windschutzscheibe, Ackerluftbereifung, gerundete Stehbleche, gefederte
Vorderachse und elektrische Beleuchtung.

▲ Ein originalgetreu restaurierter 1942 gebauter Lanz-Bulldog D 9506 mit Windschutzscheibe, Dach, Kotflügeln vorn und hinten und gefederter Vorderachse. Die starke 45-PS-Maschine ist mit einer elektrischen Beleuchtungsanlage und Anlasszündung versehen.

▲ Lanz-Bulldog D 9506 mit 45 PS aus dem Jahr 1939. Äußerlich waren diese von den schwächeren D 8506-Bulldogs praktisch nicht zu unterscheiden. Dieses Fahrzeug ist bereits mit den einfacher zu fertigenden geraden Stehblechen ausgerüstet. Kotflügel an Vorder- und Hinterrädern fehlen, sie konnten aber auf Wunsch nachgerüstet werden.

◀ Ein 1951 gefertigter D 8506 mit ungefederter Vorderachse.

▶ D 9506 mit doppelbereifter Hinterachse vor einem Heuwagen.

▲ Dieser 1941 gebaute D 8506 ist mit geschlossenem Fahrerhaus und Druckluftbremsanlage für Anhängerbetrieb ausgerüstet. Der Bulldog stand noch bis Anfang der 1990er-Jahre in Leipzig im Einsatz und wurde später restauriert.

▲ Dieser D 9506 stammt aus der Nachkriegsfertigung.

▲ D 9506 mit ungefederter Vorderachse von 1951.

▲ *Lanz-Bulldog D 9506 von 1953 mit wachsamem Hund.*

▲ Dieser Lanz-Bulldog D 9506 wurde 1962 gebaut.

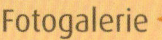

Schleppertraum in Rot

Aufwendig restaurierter Bulldog D 9506 von 1951.
Die durchgehenden, mit Trittbrettern verbundenen
Kotflügel, Doppelsitzbank und Faltverdeck sind Attribute
des Eilbulldogs D 9531.

▼ Lanz-Bulldog D 1506 von 1950 mit Windschutzscheibe und ungefederter Gabelvorderachse.

▲ Ackerluftbereifter 55-PS-Bulldog D 1500 aus dem Jahr 1938.

▲ *Lanz-Ackerluftbulldog D 1506 mit geraden Stehblechen*
aus dem Jahr 1940 in sauberem Originalzustand.

Cabrio

Ein 1937 gebauter, offen ausgeführter Lanz-Bulldog D 1506 mit einer
zeitgenössischen Geringhoff-Dreschmaschine.

◄ Dieser in der Sonne blitzende ehemalige Ackerluftbulldog D 506 von 1952 wurde mit durchgehenden Automobil-kotflügeln, querblattgefederter Gabelvorderachse, gepols-terter Doppelsitzbank und Faltverdeck sehr aufwendig zu einem Eilbulldog aufgerüstet.

▼ Ein ursprünglich nach Südafrika exportierter Lanz-Bulldog D 1506 von 1955, seinem letzten Fertigungsjahr.

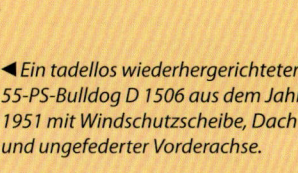

◄ Ein tadellos wiederhergerichteter 55-PS-Bulldog D 1506 aus dem Jahr 1951 mit Windschutzscheibe, Dach und ungefederter Vorderachse.

Verkehrs- und Eilbulldogs

► *Kombibulldog D 7511 mit Windschutzscheibe und Dach aus dem Jahr 1937.*

▼▼ *Wunderschön restaurierter D 9538-Eilbulldog mit Seilwinde.*

Die im vorherigen Kapitel beschriebenen 35- und 45-PS-Maschinen wurden auch als Verkehrs- und Eilbulldogs angeboten. Diese in unterschiedlichen Ausführungen und Ausstattungsmerkmalen erhältlichen Fahrzeuge waren von den Ackerluftbulldogs abgeleitete Bauvarianten, die mit einer Vielzahl von Zubehörteilen bestückt und aufgerüstet werden konnten. Die Ausführungen reichten von den einfachen Verkehrs- oder Kombinationsbulldogs der Typen D 8511 bzw. D 9511 bis zu den Eilbulldogs als den aufwendigsten und gleichzeitig teuersten Modellen. Das auf Wunsch gegen Aufpreis erhältliche Zubehör bestand aus Heckseilwinde mit Bergstütze, Druckluftbremsanlage für Anhängerbetrieb, Faltverdeck, Dach oder geschlossenem Fahrerhaus, Zusatzgewichten, Zwillingsbereifung und vielem mehr. Allen diesen Fahrzeugen gemeinsam war die Ausrüstung mit einer gefederten Gabelvorderachse, die den Fahrkomfort wesentlich verbesserte. Auch lag die Endgeschwindigkeit erheblich höher und war den Erfordernissen des Straßenverkehrs, also ihres Haupteinsatzbereichs, angepasst. Die unter den Typenbezeichnungen D 8531 und D 9531 eingeordneten Eilbulldogs waren mit ihren durch Trittbretter verbundenen Vorder- und Hinterradkotflügeln schon äußerlich besonders beeindruckende Maschinen. Sie waren als Zugmaschinen für alle Arten von Straßentransporten, weniger aber für die Feldarbeit vorgesehen. Daher gab es Zapfwelle und Riemen-

scheibe nur auf Wunsch. Die entweder vollgummibereiften oder auch mit Luftreifen lieferbaren Kombibulldogs waren besonders häufig bei Lohnunternehmen als sogenannte Dreschbulldogs zu finden und auch auf dem Acker eingesetzt. Ganz im Gegensatz zu den Eilbulldogs als klassische Zugmaschinen, für die es Einsatzmöglichkeiten nicht nur im Transportgewerbe – hier speziell im Nahverkehr –, sondern auch für Kohlen- und Baustoffhandlungen und andere Gewerbetreibende gab. Ein sehr häufiges Betätigungsfeld fanden die oftmals mit zwei Anhängern eingesetzten Bulldogs auch auf Großbaustellen, wo es galt, größere Mengen Sand, Kies, Steine und andere Baumaterialien zu transportieren. Mit dem Bulldog stand ein schnelles,

▶ *Ackerluftbereifter Kombi-Bulldog D 9511 von 1936 mit Buschhoff-Dreschmaschine.*

LANZ

B S 36·4574

Komfort satt

Dieser 1934 gebaute Eilbulldog D 9538 besitzt eine Seilwinde, gefederte Vorderachse sowie durchgehende Kotflügel.

wendiges und im Nahbereich sehr flexibel einsetzbares Zugmittel zur Verfügung, das in der Anschaffung deutlich preiswerter und auf kürzere Entfernungen auch nicht wesentlich langsamer als ein Lastkraftwagen war. Hinzu kam die bessere Geländegängigkeit der Straßenbulldogs auf schlechten Wegen und im Gelände.

Das mit Abstand markanteste und berühmteste Flaggschiff in der großen Familie der Verkehrs- und Eilschlepper war und ist der 55-PS-Eilbulldog. Diese seit 1937 gebaute Maschine hatte ein Fünfganggetriebe und war eine völlige Neukonstruktion, bei der der neue starke Bulldog-Motor Verwendung fand. Seine Abmessungen übertrafen die der übrigen Eilbulldogs. Auf-

grund seiner Länge war der Einstieg in den Fahrerraum nun vor den Hinterrädern durch beidseitig angebrachte Türen möglich. Gestartet wurde der Bulldog vom Fahrerplatz aus durch eine serienmäßig eingebaute Benzin-Anlassvorrichtung. Alternativ ließ er sich aber auch mittels Heizlampe und Lenkrad von Hand anwerfen. Nach kurzer Warmlaufphase wurde der Betrieb auf Gasöl oder andere Brennstoffe – der Glühkopfmotor war in dieser Hinsicht überhaupt nicht wählerisch – umgestellt. Den 55-PS-Eilbulldog gab es als Typ D 2531 offen mit Faltverdeck oder in der Ausführung D 2539 mit geschlossenem Fahrerhaus. Die Fertigung des Eilbulldogs wurde 1954 beendet. Insgesamt entstanden 2.415 Exemplare aller Ausführungen.

▶ Hier ein Kombi-Bulldog D 9511. Diese einfachen Maschinen wurden oft als Dreschbulldogs bezeichnet und von Lohnunternehmern eingesetzt.

▶ *Lanz-Eilbulldog mit 25 PS von 1935. Dieses Fahrzeug ist mit Zusatzgewichten an den Vorderrädern und Doppelsitzbank ausgerüstet.*

Elegante Erscheinung

Frontansicht eines Lanz-Eilbulldogs D 9538 mit Seilwinde.
Diese mit gefederter Vorderachse ausgerüstete Maschine
besitzt eine doppelte Bereifung an der Hinterachse.

◀ Fachmännisch wieder-
hergerichteter Eilbulldog D 9531
von 1938 mit gepolsterter
Doppelsitzbank, Faltverdeck,
Windschutzscheibe, gefederter
Vorderachse und durchgehenden
Automobilkotflügeln.

▶ Ein 1937 gebauter
D 9531-Eilbulldog mit gefederter
Vorderachse, Doppelsitzbank,
durchgehenden Kotflügeln und
schmaler Windschutzscheibe.

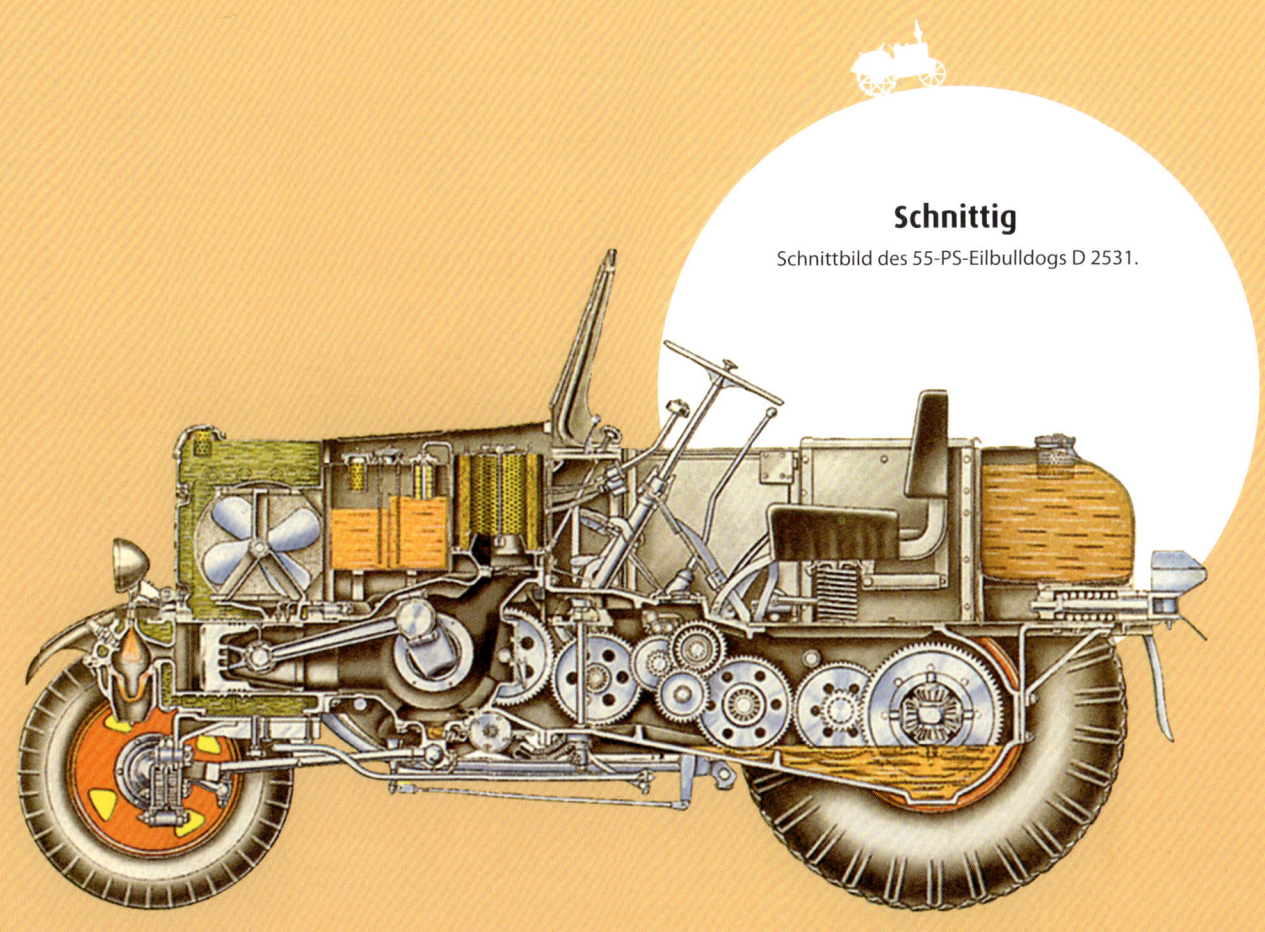

Schnittig
Schnittbild des 55-PS-Eilbulldogs D 2531.

Eile mit Weile

Originalgetreu restaurierter D 2538-Eilbulldog mit
Heckseilwinde und Faltverdeck aus dem Jahr 1949.

◀ *Der Fahrstand des Eilbulldogs mit Armaturen und Lenkrad.*

▼ *Heckansicht mit Faltverdeck und Seilwinde.*

► *Hinterachsnabe eines D 2538-Eilbulldogs.*

▼ *Die Heckseilwinde des Eilbulldogs besaß eine Zugkraft von 6 Tonnen.*

▲ Auch in der seitlichen Perspektive wirkt der Eilbulldog sehr eindrucksvoll.

◀ Ganz in Weiß – offen ausgeführter Lanz-Eilbulldog D 2531 aus der Nachkriegsfertigung.

▼ *Ein 1939 gebauter Eilbulldog D 2539 mit geschlossenem Fahrerhaus.*

▲ *Ein 1952 gefertigter 55-PS-Eilbulldog D 2539. Die Maschinen aus der Nachkriegsproduktion unterschieden sind von ihren bis 1945 gebauten Vorgängern durch die ungeteilte, ausstellbare Frontscheibe.*

▲ Den 55-PS-Eilbulldog gab es – wie dieses 1948 gebaute, mit Seilwinde ausgerüstete Exemplar – auch mit doppelbereifter Hinterachse.

▼ Hier zu sehen ein D 2538 in offener Ausführung mit Seilwinde. Diese starken Fahrzeuge besaßen eine enorme Zugkraft.

Acker-, Bauern- und Allzweckbulldogs

▲ 25-PS-Ackerluftbulldog D 7506
mit gefederter Vorderachse von 1939.

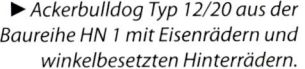

▶ *Ackerbulldog Typ 12/20 aus der Baureihe HN 1 mit Eisenrädern und winkelbesetzten Hinterrädern.*

Zu Beginn der 1930er-Jahre war die Leistung des 10-Liter-Bulldogmotors seit seinem Erscheinen im Jahr 1925 von ursprünglich 22 PS bis auf über 40 PS angewachsen. Diese großen und entsprechend teuren Maschinen waren für kleine Höfe nicht nur zu groß, sondern in der Regel auch unerschwinglich, sodass als Zielgruppe nur Großbetriebe und Domänen infrage kamen. Daher machte sich der Lanz-Chefkonstrukteur Fritz Huber mit seiner Mannschaft schon gegen Ende der 1920er-Jahre an die Arbeit, einen kleineren Glühkopfmotor mit geringerer Leistung für einen Bulldog zu entwickeln, der auch auf kleineren Bauernhöfen verwendet werden konnte. Dies geschah in weiser Voraussicht auf die nach dem Ende der Weltwirtschaftskrise erwartete Mechanisierungswelle in der deutschen Landwirtschaft,

die sich auch auf die bis dahin weitgehend vernachlässigten Kleinbauernhöfe erstrecken würde. Im Laufe des Jahres 1930 wurde der neue Bulldogmotor mit nur 4,7 Liter Rauminhalt fertiggestellt. Dieser erzeugte bei einer Drehzahl von 760 U/min eine Dauerleistung von 20 PS und eine kurzzeitige Maximalleistung von 25 PS.

Eines der ersten mit dem neuen Motor ausgerüsteten Modelle war der nach dem Vorbild des 15/30-Kühlerbulldogs entworfene 12/20-PS-Kühlerbulldog des Typs HN 1. Ihn gab es in mehreren Ausführungen – vom Dreigang-Ackerbulldog mit Eisenrädern bis zum luftbereiften Verkehrsbulldog, dem späteren Eilbulldog mit sechs Vorwärtsgängen. Da diese Maschinen recht aufwendig konstruiert und daher recht teuer waren, boten die Mannheimer Lanz-Werke ab 1934 den zunächst mit 20, ab 1936 mit 25 PS klassifizierten Bulldog des Typs HN 3 an. Dieses Modell brachte endlich den Erfolg, der diesen Bulldog über zwei Jahrzehnte zum meistverkauften Schlepper in Deutschland werden ließ. Den neuen D-Nummern entsprechend erhielt der Ackerbulldog mit Eisenrädern die Bezeichnung D 7500, während die luftbereifte Ausführung unter D 7506 eingeordnet wurde. Diese einfachen und robusten Fahrzeuge entsprachen den bäuerlichen Bedürfnissen der Klein- und Mittelbetriebe dieser Zeit. Der Bau wurde auch nach 1945 fortgeführt und endete 1952, als die neuen Halbdieselmaschinen auf den Markt kamen.

Seit Mitte der 1930er Jahre begann sich das Einsatzgebiet der Schlepper zu wandeln. Wurden die Traktoren vorher überwiegend als Zugschlepper für Transportarbeiten oder mit Hilfe der Riemenscheibe als stationäre Antriebsmaschinen eingesetzt, so rückten die durch die Zapfwelle zu betreibenden Bodenbearbeitungs- und Erntegeräte immer stärker in den Vordergrund. Daneben ging der Trend nach noch kleineren Traktoren als bisher. Es entstanden die von vielen Herstellern gefertigten sogenannten Bauernschlepper. Entsprechende Initiativen, die kleinen Höfe weitaus stärker als zuvor in den Motorisierungsprozess mit einzubeziehen, gingen in erster Linie von der Regierungsseite aus, um Deutschland möglichst unabhängig von Lebensmitteleinfuhren zu machen.

Lanz entwickelte auf der Basis des HN 3 einen Bulldog HN 5 mit 20 PS Höchstleistung, dessen Serienbau 1937 anlief. Er war bewusst einfacher und gewichtssparender als alle übrigen Fahrzeuge konstruiert. Die preiswerteste Ausführung war wie immer der als D 3500 bezeichnete eisenbereifte Ackerbulldog

mit Dreiganggetriebe. Der luftbereifte Ackerbulldog mit Sechsganggetriebe und elektrischer Beleuchtungsanlage hieß demzufolge D 3506. Diese kleinen, handlichen und robusten Universalmaschinen erfreuten sich einer starken Nachfrage. Der D 3506 verblieb bis zum Jahr 1952 im Verkaufsprogramm.

Auf der Reichsnährstandsausstellung im Juni 1939, der früheren DLG-Messe, trat ein weiterer 25-PS-Bulldog erstmals in Erscheinung. Hierbei handelte es sich um einen ackerluftbereiften Allzweckbulldog, der mit seinen großen, schmalen Stahlspeichen-Hinterrädern neben den üblichen landwirtschaftlichen Arbeiten bevorzugt für Hackfrucht- und Pflegearbeiten verwendet werden konnte. Mit 470 mm verfügte der neue Bulldog über eine überdurchschnittlich große Bodenfreiheit. Es war eine bahnbrechende Konstruktion, die mit einem mechanischen Kraftheber ausgerüstet war und gleichzeitig das Vorbild für viele Mitbewerber wurde. Stückzahlmäßig konnte sich der Allzweckbulldog allerdings erst nach dem Krieg voll entfalten. Eigentümlicherweise wurde dieses Fahrzeug ebenfalls unter der bereits durch den 25-PS-Ackerluftbulldog belegten Modellbezeichnung D 7506 registriert. Schließlich rundete im Jahr 1950 der mit 20 PS schwächere, ähnlich aufgebaute Allzweckbulldog D 3506 das Verkaufsprogramm nach unten hin ab. Bis auf die geringere Motorleistung und die etwas kleineren Abmessungen entsprach dieser Bulldog dem zuvor beschriebenen Allzweckmodell D 7506 fast völlig. Gegen Aufpreis konnte diese kleine Universalmaschine mit einem ölhydraulischen Vierpunktkraftheber bezogen werden. Im Zuge der allgemeinen Modellumstellung auf Halbdieselmaschinen endete der Bau der Allzweckbulldogs ebenfalls im Jahr 1952.

▲ Luftbereifter 20-PS-Bulldog Typ 12/20, seinerzeit auch als Bauernsparbulldog bezeichnet. An den Hinterradfelgen befinden sich Nabengewichte.

Einfach schön

Eisenbereifter Einfachbulldog D 7500 mit 20 PS, Typ HN 3 mit Dreiganggetriebe, Holzlenkrad und nachgerüsteter elektrischer Beleuchtung. Das Fahrzeug besitzt allerdings eine gefederte Vorderachse.

◀ Dieser 1934 gebaute 12/20-Ackerluftbulldog wurde nachträglich auf Luftbereifung umgerüstet und mit elektrischer Beleuchtung bestückt.

▶ Frontansicht eines 20 PS-Bulldogs D 7500 Typ HN 3. Das mit einem Dreiganggetriebe ausgerüstete eisenbereifte Fahrzeug ist mit einer gefederten Vorderachse versehen, die im Rahmen der Zusatzausrüstung erhältlich war.

Prachtstück

Wunderschön restaurierter Lanz-Bulldog
D 7506 aus dem Jahr 1936.

▲ *Allzweckbulldog D 7506 mit Windschutzscheibe und Dach von 1951.*

▲ *Luftbereifter 20-PS-Bauernbulldog D 3500 von 1937.*

▲ *Naturbelassener Allzweckbulldog D 7506 mit Mähbalken von 1940.*

▲ *Bauernbulldog D 3507 in der Ausführung ohne elektrische Anlasszündung in unrestauriertem Originalzustand von 1940.*

▲ Allzweckbulldog D 3506 mit 8-36er-Hinterrädern von 1952.

▲ *Ackerluftbulldog D 3506 von 1940.*

Starkes Duo

Zwei Bulldogs aus dem Jahr 1951: links ein Allzweckbulldog D 3506, daneben ein 45-PS-Acker-luftbulldog D 9506.

Halbdieselbulldogs

Schmierölbehälter · Windflügel · Kühler · Benzinfilter · Kraftstoffbehälter · Lenkrad · Handgashebel · Bremshandhebel · Stoßdämpfer

Schmierölfilter · Wasserkasten · Lichtmaschine · Benzinbehälter · Pendelstarter · Gangschalthebel · Zapfwellenschaltung · Fahrersitz · Schaumgummieinlage

Batterie

Zündspule · Druckzylinder für hydraulischen Kraftheber

Zündkopf · Schlußlampe

Werkzeugkasten · Hebelwelle für Kraftheber · Wagen-Anhängevorrichtung · Schlepphebel für Kraftheber

Einspritzdüse · Zapfwelle

Vorderachse · Verstellbare Geräte-Anhängevorrichtung

Drückevorrichtung · Vorderachs-stützlager · Zwischenrad · Getriebegehäuse

Zylinder · Schmierölfilter · Ausgleichgetriebe

Kolben

Vorderradfeder · Wasserablaßhahn · Pleuelstange · Kurbelwelle · Ganggetriebe

LANZ

▲ *Schnittbild des Lanz-Halbdieselbulldogs D 1706.*

▲ *Der Halbdieselbulldog D 1706 konnte eine Leistung von 17 PS zur Verfügung stellen.*

Mit der zunehmenden Dauer des Krieges und der damit verbundenen immer spürbarer werdenden Treibstoffknappheit musste das stark reduzierte Lanz-Bulldog-Programm ab Mitte 1942 auf Holzgas- bzw. Generatorbetrieb umgestellt werden. Die geänderten Fertigungsprämissen des Krieges be- oder verhinderten den Bau neuer, zukunftsweisender Traktorentwürfe. So konnte durch den im Juni 1939, unmittelbar vor Kriegsausbruch mehr als ungünstigen Vorstellungstermin die ausgezeichnete Konstruktion des 15-PS-Bauernbulldogs D 4506 nicht in Serie gehen. Letztendlich trug der Entwicklungsstillstand in diesem Bereich mit dazu bei, dass der trotz aller Verkaufserfolge am Rande der Überalterung stehende Einzylinder-Glühkopfmotor nicht beizeiten durch neuentwickelte Reihenaggregate ersetzt werden konnte.

Im Sommer 1945 begann der allmähliche Wiederaufbau der stark kriegszerstörten Mannheimer Werksanlagen. In technischer Hinsicht hätten es in den späten 1940er-Jahren noch Möglichkeiten des Umsteuerns weg von der einzylindrigen Glühkopftechnik gegeben. Allein die damalige Unternehmensleitung schätzte die zukünftige Entwicklung falsch ein und verharrte weiterhin in der Einzylindrigkeit, die man zwar kurzzeitig im Detail mit einigem Erfolg verbessern konnte, deren Beibehaltung auf Dauer aber, wie sich schon bald zeigen sollte, ins Abseits führen musste.

Der auf dem glücklosen D 4506 basierende Allzweckbulldog D 5506 aus dem Jahr 1950 war die erste Nachkriegsentwicklung des Hauses Lanz. Dieser als Seitenglühkopf in die Geschichte eingegangene 16-PS-Allzweck-Bauernbulldog war ein solides und anspruchsloses Fahrzeug für kleine Betriebsgrößen. 1952 erfolgte als nächster Schritt der Übergang vom Glühkopf- zum Halbdiesel-Mitteldruckmotor. Bei diesem Verfahren wurde der Motor mit Benzin gestartet und kurze Zeit später auf sparsameren Dieselbetrieb umgestellt. Mit den

neu vorgestellten 17-, 22- und 28-PS-Modellen war den Lanz-Ingenieuren ein großer Erfolg gelungen. Die neuen Motoren waren außerordentlich sparsam und verbreiteten eine für einen Bulldog völlig ungewohnte Laufruhe. Die Fahrzeuge verkauften sich gut und gaben zu einem vorsichtigen Optimismus Anlass. Im darauffolgenden Jahr folgte der 36-PS-Halbdieselbulldog D 3606, der nach der gleichen Technologie arbeitete. Mit Erscheinen der Diesel-Bulldogreihe im Jahr 1955 wurde der Bau der Halbdieselschlepper eingestellt.

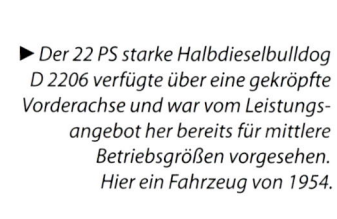

► *Der 22 PS starke Halbdieselbulldog D 2206 verfügte über eine gekröpfte Vorderachse und war vom Leistungsangebot her bereits für mittlere Betriebsgrößen vorgesehen. Hier ein Fahrzeug von 1954.*

Mit dem Ausscheiden der letzten Glühkopfmodelle traten 1955 die beiden 50- und 60-PS-Halbdieseltypen D 5006 und D 6006 an ihre Stelle. Es handelte sich um unverwüstliche, sehr robuste und zugstarke Großschlepper, die endlich als vollwertiger Ersatz für die mittlerweile hoffnungslos veralteten Glühkopfmaschinen antreten konnten. Ein Ersatz durch reine Dieselmodelle konnte infolge der geänderten Besitzverhältnisse nicht mehr vorgenommen werden. Während die Produktion dieser serienmäßig mit Sechsganggetriebe ausgerüsteten Modelle bereits 1958 eingestellt wurde, verblieben die mit einem Kriechganggetriebe bestückten Bauvarianten mangels Ersatz bis zum Ende der Lanz-Fertigung in der Produktion.

▲ *Der 16 PS Allzweck-Bauernbulldog D 5506 war die erste Neuentwicklung des Hauses Lanz nach Kriegsende. Der Bulldog war noch mit einem an der linken Fahrzeugseite angeordneten Seitenglühkopf ausgerüstet.*

▼ *Der mittelschwere Halbdieselbulldog D 2806 trat die Nachfolge des Glühkopf-Bulldogs D 7506 an.*

Kein Hundeleben

Ein 1952 gebauter Halbdiesel D 2806 mit Windschutzscheibe, Dach und Hund.

◀ Halbdieselbulldog D 6006 von 1958 mit Standard-Sechsganggetriebe.

▼ Dieser schwere, mit Windschutzscheibe und Dach ausgerüstete 50-PS-Halbdiesebulldog D 5016 besitzt ein Kriechganggetriebe.

▶ Offen ausgeführter D 5016-Halbdiesel-bulldog.

◀ Nur über einen kurzen Zeitraum wurde das Halbdieselmodell D 3206 ab 1955 gebaut.

▼ Das Modell D 6016 verfügte über einen 60-PS-Motor und war mit einem Kriechganggetriebe mit neun Vorwärts- und drei Rückwärtsgängen bestückt. Es war eine ausgesprochene Maschine für den Großbetrieb.

◀ Dieser 60-PS-Halbdieselbulldog D 6007 besitzt eine Druckluftbremsanlage und war daher für Straßentransporte mit Anhängern geeignet.

Volldieselbulldogs

▲ Dieser mit einem Seitenmähwerk ausgerüstete D 2416 von 1960 besitzt neben der neuen Farbgebung das seitliche „John Deere-Lanz"-Schild.

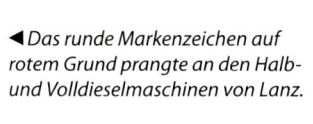

◄ *Das runde Markenzeichen auf rotem Grund prangte an den Halb- und Volldieselmaschinen von Lanz.*

Das Jahr 1955 wurde mit der Vorstellung einer völlig neuen Diesel-Bulldog-Reihe für das Haus Lanz ein sehr bedeutungsvolles Jahr. Die heute allgemein als Unterscheidungsmerkmal zu den Halbdieselmaschinen als Volldiesel bezeichnete Reihe – leider sollte dies die letzte dieses Herstellers sein – bestand aus vier Schleppern mit Leistungen von 16, 20, 24 und 28 PS. Es waren sehr formschöne, gut durchkonstruierte Fahrzeuge die – bis auf den beibehaltenen Einzylindermotor – durchaus dem technischen Stand ihrer Zeit entsprachen. Immer weniger Kunden konnten jedoch von diesem veralteten Baukonzept überzeugt werden. Zur gleichen Zeit sahen sich die Lanz-Werke auch genötigt, in Ermangelung eigener Diesel-Antriebsaggregate verschiedene zur Programmergänzung dringend nötige Kleinschlepper zwischen 11 und 16 PS mit teilweise für diese Zwecke denkbar ungeeigneten Fremdmotoren auszustatten.

▲ *20-PS-Diesel-Bulldog D 2016 aus dem Jahr 1955.*

Diese Maßnahme – mit der man schon beim Geräteträger Alldog hinlänglich negative Erfahrungen machen musste – konnte nur als Notlösung betrachtet werden, da sich die firmeneigene Motorenentwicklung nicht auf der Höhe der Zeit befand. Auch dies war als ein untrügliches Indiz für den allmählichen Niedergang dieses großen Herstellers zu werten. Mit dem 40-PS-Modell D 4016 kam 1957 schließlich ein Volldiesel-Großbulldog auf den Markt. Es sollte die letzte Neuentwicklung des Hauses Lanz sein. Die Vorstellung dieser Maschine erfolgte nahezu zur gleichen Zeit, als der US-amerikanische Landmaschinenkonzern Deere & Company die Aktienmehrheit der seit geraumer Zeit wirtschaftlich bereits angeschlagenen Mannheimer Heinrich Lanz AG übernahm. Das Lanz-Bauprogramm wurde übergangsweise in die Produktpalette des weltweit agierenden Konzerns integriert. Als erstes sichtbares Zeichen der Übernahme wurden ab dem 1. September 1958 alle Lanz-Produkte in grüner und gelber Lackierung, der traditionellen John-Deere-Farbgebung, ausgeliefert. Auch die für die neue Geschäftsleitung nicht mehr tragbare Bezeichnung „Bulldog" musste verschwinden – die Fahrzeuge hießen von nun an nur noch „Lanz-Schlepper". Zum Januar 1960 änderte sich die Bezeichnung erneut und lautete nun „John Deere-Lanz". 1960 lief das gesamte Lanz-Bulldog-Bauprogramm, das einst zum Inbegriff des damaligen deutschen Schleppers geworden war, aus. Moderne, mehrzylindrige grün-gelbe Dieselschlepper in Viertakttechnik traten die Nachfolge der Bulldogs an. Nachweislich haben in 39 Jahren insgesamt 219.253 Bulldogs die Werkstore verlassen und sind an Abnehmer in alle Welt geliefert worden.

◀ *Der Diesel-Bulldog D 1616 war das kleinste Modell innerhalb der neuen Volldieselreihe. Die Vorderachse war einzelradgefedert und als Portalachse konstruiert. Die Motorleistung von 16 PS erreichte der Einzylindermotor bei einer Drehzahl von 1.100 U/min.*

▶ *Frontansicht eines 20-PS-Dieselbulldogs D 2016 aus dem Jahr 1955. Wie alle Volldieselbulldogs hatte er mit 440 mm eine große Bodenfreiheit.*

In Lanz veritas

Zwischen 1956 und 1959 wurde der speziell für den Weinanbau mit schmaler Spur konstruierte Dieselschlepper D 2402 in Mannheim gebaut.

Lanz in Grün

Ein 1959 gebauter, bereits in den grün-gelben John-Deere-Farben lackierter D 2016 in der seltenen Ausführung mit nach unten abgeleitetem Auspuff.

▲ *Der Bulldog D 2816 war mit 28 PS das stärkste Modell innerhalb der neuen Volldieselmaschinen.*

Kernig!

Lanz-Diesel-Bulldog D 2416
von 1956.

Das letzte Lanz-Modell

Tadellos restaurierter D 4016 in grün-gelber Lackierung.

Nachbaubulldogs

▲ Der in Frankreich gefertigte Bulldog „Le Percheron"
entstand nach dem Muster des Ackerluftbulldogs D 7506.

▲ *Der wohl bedeutendste Hersteller von Glühkopfschleppern in Italien war die Firma Landini. Hier das zu den stärksten Schleppern dieser Art zählende Modell L 45 mit 45 PS, ausgeführt mit Eisenrädern und Laufringen.*

Der Lanz-Bulldog fand wegen seiner unverwüstlichen Bauart und Wirtschaftlichkeit auch im europäischen und übersee-ischen Ausland große Anerkennung. Die beeindruckenden Er-folge des einzylindrigen Lanz-Glühkopfbulldogs führten im Laufe der Zeit nicht nur zu speziellen, bereits werksseitig für bestimmte Exportländer erstellten Bauvarianten, sondern ebenso zu zahlreichen im Ausland vorgenommene Lizenzferti-gungen und Nachbauten. In Frankreich hatten die Lanz-Bull-dogs schon seit dem Erscheinen des Typs 15/30 einen hervorragenden Ruf und – da die einheimische Schlepperindustrie nur wenig ausgeprägt war – auch einen wesentlichen Anteil an der Landwirtschaftsmotorisierung. Durch eine Initiative des französischen Landwirtschaftsministeriums wurde der 25-PS-Ackerluftbulldog D 7506 unter dem Namen „Le Percheron" seit Ende der 1930er-Jahre in der Nähe von Paris als Lizenzprodukt gebaut. Ohne Lizenzabkommen hingegen erfolgte der Nachbau ab 1947 noch bis etwa 1955.

Ebenfalls ab 1947 wurde bei den Warschauer Ursus-Werken (Ursus = Bär) die lizenzlose Fabrikation, das heißt ohne eine ver-

tragliche Übereinkunft mit Lanz in Mannheim, des 45-PS-Bulldogs D 9506 eingeleitet. Der anfangs unter der Modellbezeichnung Ursus C 45, von 1955 bis 1965 als Typ C 451 in insgesamt rund 60.000 Exemplaren gebaute Bulldog entsprach, abgesehen von geringen Details, exakt dem Mannheimer Pendant. Die große Zahl der Ursus-Maschinen trug nachhaltig dazu bei, die Nahrungsmittelproduktion in dem stark kriegszerstörten Land zu sichern und eine Hungersnot zu verhindern.

Neben der unter der Lanz-Tochter Iberica S. A. nach Kriegsende in Spanien entstandenen Bulldog-Produktion wurden

◀ Argentinischer Pampa-Bulldog mit 60 PS aus dem Jahr 1950. Diese Maschine entsprach – abgesehen von Firmenemblem, Auspuff und Tropenluftfilter – exakt dem Lanz-Ackerluftbulldog D 9506. Sein Bau endete im Jahr 1962.

Bulldogs auch in Argentinien als Pampa-Bulldogs sowie in Australien als K.L.-Bulldogs gebaut.

Darüber hinaus nahmen sich zahlreiche in- und ausländische Hersteller das Bulldog-Konzept mit seinem großvolumigen, liegenden und langsamlaufenden Einzylinder-Glühkopf- oder Dieselmotor zum konstruktiven Vorbild oder ließen sich von diesem Bauprinzip beeinflussen. An dieser Stelle seien nur die unter der Bezeichnung „Field Marshall" von den englischen Marshall-Werken gebauten Modelle, die von der Firma Société Française Vierzon (SFV) in Frankreich gebauten Glühkopf-

schlepper, die italienischen Hersteller Bubba, Landini und Orsi mit ihren Bulldogs, die der Firma Bolinder-Munktell in Schweden sowie die Maschinen des ungarischen Herstellers Hofherr-Schrantz-Clayton-Shuttleworth (HSCS) in Budapest angeführt. Für viele weitere Hersteller trug das einfache Baukonzept seine Früchte.

Diese abschließenden Ausführungen mögen mehr als viele Worte beweisen, welch großen Stellenwert der Lanz-Bulldog für die gesamte Landwirtschaft auf dem Globus besessen hat!

► Das auf der Basis des 45-PS-Ackerluftbulldogs D 9506 in großen Stückzahlen gebaute Ursus-Modell C 45 hatte für die polnische Landwirtschaft eine große Bedeutung.

▲ Auch die französische Firma SFV beteiligte sich am Bau von Glühkopfmaschinen. Hier ein mit einem Fünfganggetriebe ausgerüstetes Modell 551
mit 52 PS aus dem Jahr 1951. Der Bau wurde 1956 eingestellt.

▲ Der 40 PS starke Field Marshall III aus England war leistungsmäßig mit dem Lanz D 4016 vergleichbar. Er wurde zwischen 1952 und 1957 bei der Firma Marshall Sons & Company in Gainsborough produziert. Im Gegensatz zu den zeitgleich gebauten Lanz-Modellen besaß der Field Marshall eine Dreipunkthydraulik.

3-Gang-Menü

Glühkopfbulldog G 30/35 Le Robuste der Firma HSCS aus Ungarn. Das Fahrzeug besaß ein Dreiganggetriebe und wurde von 1933 bis 1944 gebaut.